全国技工院校制冷设备运用与维修专业（中/高级技能层级）

小型制冷设备原理与维修

（第三版）习题册

储诚东　主编

中国劳动社会保障出版社

简介

本习题册是全国技工院校制冷设备运用与维修专业教材（中/高级技能层级）《小型制冷设备原理与维修（第三版）》的配套用书。本习题册紧扣教学要求，按照教材章节顺序编排，难易配置适当，有助于学生复习巩固所学知识。

本习题册由储诚东担任主编，温锦文担任副主编，黄洪庆参加编写。

图书在版编目(CIP)数据

小型制冷设备原理与维修（第三版）习题册/储诚东主编. --北京：中国劳动社会保障出版社，2019

全国技工院校制冷设备运用与维修专业：中、高级技能层级

ISBN 978-7-5167-4135-1

Ⅰ. ①小… Ⅱ. ①储… Ⅲ. ①制冷装置-维修-中等专业学校-习题集 Ⅳ. ①TB657-44

中国版本图书馆 CIP 数据核字(2019)第 174406 号

中国劳动社会保障出版社出版发行

（北京市惠新东街 1 号　邮政编码：100029）

*

北京昌联印刷有限公司印刷装订　　新华书店经销

787 毫米×1092 毫米　16 开本　3.75 印张　68 千字

2019 年 8 月第 1 版　　2025 年 5 月第 4 次印刷

定价：7.00 元

营销中心电话：400-606-6496

出版社网址：http://www.class.com.cn

http://jg.class.com.cn

目 录

第一篇　电冰箱原理与维修

第一章　家用电冰箱概述

一、填空题（将正确答案填写在横线上）

1. 电冰箱从使用场合可以分为________电冰箱和________电冰箱两大类。

2. 家用电冰箱是利用____________原理获得低温，用以冷藏、冷冻各种食品的器具。我国电冰箱的生产技术水平已达到国际先进水平，______也居世界之首。

3. 家用电冰箱按用途分为__________、__________、__________，按冷却方式分为_______________、________________、________________，按箱门数分为______________、____________、____________、____________，按容积分为____________、____________、______________，按储藏温度分为______________、______________、______________、____________，按气候带分为________、________、________、________。

4. 根据国家标准的规定，家用电冰箱的规格以________表示。

5. 电冰箱的型号由表示产品________、________、________等基本参数字母和________组合而成。

6. 一台电冰箱的________往往用“冷度”来衡量。电冰箱的冷度一般用星型符号“*”来标记，一个“*”表示________℃。

7. 速冻运行模式一般设计为压缩机________运行几小时（如____ h）后自动转为__________模式。

8. 电冰箱的箱体内胆、门内胆采用____________________板（丙烯烃-丁二烯-苯乙烯共聚）或改性聚苯乙烯板，经加热至 60℃干燥后________而成。有的电冰箱内胆由防锈________或________制成。

9. 电冰箱的绝热材料多用____________发泡而成。

10. 电冰箱的绝缘电阻用________兆欧表测量电源线与地线之间的绝缘电阻，应不低于________ MΩ。

11. 电冰箱的耐压用容量不小于______ kV·A 的高压试验台，在电源线与______之间施加 50Hz 的正弦波交流电压，电压由______ V 逐渐升到______ V 后，保持______ min，不应有__________和闪络现象。

12. 电冰箱应有良好的接地装置，用__________仪测量接地端与金属外露部分之间的接地电阻，应小于_______Ω。

13. 电冰箱正常运转时，__________与电冰箱金属外露部分间的泄漏电流应不大于______mA。

14. 电源电压为 220 V（±______%）时，电冰箱应能正常启动、运行。

15. 电冰箱的耗电量不得超过其额定耗电量的______%。

16. 在消声室内，在距离电冰箱正面______m，与地面垂直距离______m 处，用声级计“A”计权网络测量电冰箱运行时的噪声，不应高于______dB。

17. 当电冰箱箱门正常关闭后，门封四周应______。将一张厚 0.08 mm、宽 50 mm、长 200 mm 的______放在门封条上任意一点处，将箱门关闭______地压在纸上，纸片不应________。

18. 电冰箱的新功能主要包括________功能、__________功能、________功能、__________功能、__________功能、__________功能等。

二、判断题（正确的打“√”，错误的打“×”）

1. 直冷式电冰箱一般不用风扇。（ ）
2. 双门风冷式电冰箱，在冷冻室和冷藏室各有 1 个蒸发器。（ ）
3. 混合（俗称风直冷）式电冰箱要采用风扇。（ ）
4. 变温电冰箱一般是有两个箱门。（ ）
5. 电冰箱运行一段时间后外表允许有少量凝露现象。（ ）

三、选择题（将正确答案的序号填在括号内）

1. 传统 CFC 制冷剂（R12）电冰箱已于（ ）7 月 1 日全面禁用。

A. 2005 年　B. 2006 年　C. 2007 年　D. 2008 年

2. 使用环保制冷剂（ ）的电冰箱技术日趋成熟，电冰箱已成为我国制冷技术水平的重要标志之一。

A. R134a　B. R600a　C. R134a 和 R600a　D. R12

3. 国家标准还规定了有效容积测算值不应小于铭牌标定容量的（ ）。

A. 90%　B. 92%　C. 95%　D. 97%

4. 双门直冷式电冰箱，在冷冻室和冷藏室各有（ ）个蒸发器。

A. 2　B. 1　C. 3

5. 对制冷系统密封性能的要求是：制冷系统任何部位制冷剂年泄漏量不大于（ ）g。

A. 0.4　B. 0.5　C. 5　D. 10

四、简答题

1. 简述电冰箱按气候带分类的内容（包括气候类型、代号、使用温度）。

2. 简述电冰箱每个星级的符号、冷冻室温度、冷冻食品保存时间。

3. 家用电冰箱的箱体主要由哪几部分组成?

4. 家用电冰箱的用途分类代号是什么?

5. 对电冰箱冷却速度的要求是什么?

6. 对电冰箱绝热性能的要求是什么?

7. 简述电冰箱工作时间系数的含义。

8. 简述电冰箱耗电量的测定方法。

第二章　家用电冰箱的制冷系统

§2—1　家用电冰箱制冷系统的主要组成部件

一、填空题（将正确答案填写在横线上）

1. 电冰箱制冷系统由__________、__________、__________、__________、__________、__________等组成。

2. 目前，电冰箱压缩机主要有_________、_________两大类。_________压缩机又分为_________、_________、曲轴连杆式、电磁振荡式等。

3. 冷凝器是一种_________，在制冷系统内它是使_________向外散发热量的部件。

4. 根据冷却介质不同，冷凝器可分为_________式和_________式两种。大型制冷设备一般采用_________式，小型制冷设备一般采用_________式。

5. 钢丝式冷凝器的冷凝盘管采用外径为5～6 mm的薄壁______管弯制而成。

6. 蒸发器也是制冷系统中的一种_________。当低温、低压的液态制冷剂流经蒸发器时，迅速_________被冷却而达到_________的目的。

7. 家用电冰箱一般都采用_____________式蒸发器，按空气对流循环的方式不同，可分为_____________式和_____________式两大类。

8. 多层搁架式蒸发器主要用于冷冻室为内_________式的双门大容量_________电冰箱。

9. 制冷系统中应装设干燥过滤器，以吸附______并过滤_________。

10. 干燥过滤器铜管内的两端还分别装有120～180目的粗、细两个滤网，两网之间填充有______或其他____________________。

11. 分子筛是目前电冰箱上使用最广的高效_________，它是一种人工合成的_________晶体。

二、判断题（正确的打“√”，错误的打“×”）

1. 翅片盘管强制对流式蒸发器用于全自动间冷式无霜电冰箱。　（　　）
2. 毛细管装在冷凝器和压缩机之间，起节流降压的作用。　（　　）
3. 冷凝器和压缩机之间一般设有气液分离器，可防液态制冷剂吸进压缩机。　（　　）
4. 内藏式冷凝器靠箱体外壳的钢板来散热，散热性能好。　（　　）

三、选择题（将正确答案的序号填在括号内）

1. R600a分子的直径（　　）R12分子的直径，可以用4 Å分子筛干燥过滤。

A. 大于　　　　B. 小于　　　　C. 等于

2. R134a 分子的直径大于水分子的直径，但（　　）4 Å，则不能用 4 Å 分子筛干燥过滤，应选用专用干燥过滤器。

A. 大于　　　　B. 小于　　　　C. 等于

3. 铝板吹胀式蒸发器的制造工艺（　　），传热性能好。

A. 简单　　　　B. 复杂

4. 毛细管内径为（　　）mm。

A. 0.5～1.0　　　　B. 2.0～2.5　　　　C. 2.5～3.0

5. 电冰箱压缩机的泵体部分和电动机同轴，并且都焊封在一个钢制外壳内，因此都是（　　）式压缩机。

A. 半封闭　　　　B. 全封闭　　　　C. 开启

四、简答题

1. 影响冷凝器传热效率的因素有哪些？

2. 翅片盘管式蒸发器的特点有哪些？

3. 电冰箱毛细管一般与回气管并行地粘在一起有什么好处？

§2—2　家用电冰箱制冷系统结构分析

一、填空题（将正确答案填写在横线上）

1. 单门电冰箱一般为________式，上方是一个装有______的由蒸发器围成的小型冷冻室，冷冻室的冷度一般为____星级。

2. 温控器的感温管紧贴在________上，根据蒸发器（冷冻室）______控制______的启停，来保证冷冻室和冷藏室一定的________要求。

3. 冷藏室内的照明灯由______开关控制，开门时灯______，关门时灯______。

4. 双门直冷式电冰箱有______储藏室，一个为________，另一个为________。

5. 双门风冷式电冰箱的蒸发器采用________式，因此又安装了小型________，________冷气循环对流。

6. 双门风冷式电冰箱一般采用全________化霜，又叫________冰箱。

7. 三门或三门以上的电冰箱大多为________冰箱，如容声 BCD-288WYM 电冰箱是三门三温区电冰箱，即______室、______室、______室三个温区。

8. 变温室有很大的________控制范围，既可将变温室用作________室，又可用作______室。

9. 变频电冰箱制冷系统与三门电冰箱或多温区电冰箱制冷系统________，主要区别在于压缩机采用的是__________。

10. 变频电冰箱通常采用____________________电动机。

二、判断题（正确的打“√”，错误的打“×”）

1. 双门风冷式电冰箱采用了风扇强迫对流。（　　）

2. 变频电冰箱在高温下的制冷效果比定频电冰箱差。（　　）

三、选择题（将正确答案的序号填在括号内）

1. 变频电冰箱每次开始使用时，通常是让电冰箱以最（　　）功率和风量进行制冷。

A. 大　　B. 小

2. 与单门电冰箱相比，双门电冰箱的降温速度（　　）。

A. 快　　B. 慢

四、简答题

1. 单门电冰箱制冷剂在制冷系统中的循环路径是什么？

2. 单温控型双门电冰箱制冷剂在制冷系统中的循环路径是什么？

3. 单温控型双门电冰箱设置冷藏室补偿加热器的作用有哪些？

4. 画出一种三门或三门以上变温电冰箱的制冷系统图。

第三章　家用电冰箱的电控系统

§3—1　家用电冰箱电控系统的主要组成部件

一、填空题（将正确答案填写在横线上）

1. 定频压缩机一般采用________电动机。

2. 重锤式启动继电器的结构主要包括________、________、________、________、________、________、________等。

3. PTC是________温度系数________英文名称的缩写。

4. PTC元件的电阻率随温度的升高而________。在常温时电阻值很________，当温度上升到称为居里点的某一定值（与掺杂有关）时，电阻值急剧________。

5. 过________和________保护器又称为过载保护器，是压缩机电动机的________保护装置。

6. 家用电冰箱和房间空调器普遍使用的是________过载保护器。

7. 温控器是一种对________及其幅差进行控制的电开关。

8. 电冰箱的温控器按工作原理分为__________、__________，按感温方式分为__________、__________，按温度控制方式分为__________、__________。

9. 自动化霜装置除________外，再增加__________（又称为化霜时间继电器）、________及__________三个控制器件。

10. 电冰箱多温区一般采用电磁阀进行控制，有______稳态和______稳态两种。

二、判断题（正确的打"√"，错误的打"×"）

1. PTC启动继电器在压缩机启动时会发出声音。（　　）

2. 电冰箱温控器和化霜温控器可以互换。（　　）

三、选择题（将正确答案的序号填在括号内）

1. PTC启动继电器（　　）触点。

A. 有　　　　B. 无

2. 化霜超热保护熔断器在温度升高到（　　）℃时会熔断。

A. 100～110　　B. 90～100　　C. 60～70

3. 温控器的感温元件为（　　）温度系数的热敏电阻。

A. 负　　　　B. 正

四、简答题

1. 压缩机电动机的主要类型有哪些？画出其接线图。

2. 简述重锤式启动继电器的工作原理。

§3—2　家用电冰箱电控系统的控制电路分析

一、填空题（将正确答案填写在横线上）

1. 典型直冷式电冰箱的控制电路由__________、__________、__________、__________、__________、__________等组成。

2. 典型直冷式电冰箱采用________作为补偿热源，当______开关闭合时，灯泡常

______，由于灯泡长时间工作容易______，串联一个______可以将灯泡电压减半，起到保护灯泡的作用。

3. 风冷式电冰箱______门开关控制冷藏室照明灯，打开时门开关______，灯____，反之灯____。

4. 风冷式电冰箱______室和______室门开关同时控制风扇电动机，当制冷运行时，门______，风扇电动机________，反之，风扇电动机________。

5. 现代豪华电冰箱已都采用________控制。

6. 微型计算机控制电路由功能强大的专用集成电路芯片（________）和其________电路组成。

7. 变频电冰箱与常规的微型计算机控制电冰箱相比增加了对____________的监控。

二、判断题（正确的打“√”，错误的打“×”）

1. 微型计算机控制电冰箱一般都是风冷式电冰箱。（　　）
2. 直冷式电冰箱一般都不是微型计算机控制的。（　　）
3. 变频电冰箱一般都是微型计算机控制的。（　　）
4. 直冷式电冰箱都不能自动化霜。（　　）

三、选择题（将正确答案的序号填在括号内）

1. 微型计算机控制电冰箱（　　）化霜定时器。

A. 有　　B. 无　　C. 有的有，有的无

2. 微型计算机控制的电冰箱一般都在电冰箱上部门外侧（　　）操作面板。

A. 设置　　B. 不设置

3. 自动制冰的冰盒一般设在（　　）。

A. 冷藏室　B. 冷冻室　C. 冷藏室和冷冻室都可以

四、简答题

1. 简述电冰箱自动化霜的原理。

2. 微型计算机控制电冰箱的保护和报警功能有哪些？

第四章　家用电冰箱的维修

§4—1　家用电冰箱的维修技术

一、填空题（将正确答案填写在横线上）

1. 全封闭式压缩机的外壳上只有________管、________管、________管和________，其他部件都密封在其内部，压缩机一旦发生故障，通常须________才能修理。

2. 冷凝器可能发生的故障有：____________、____________等。

3. 当冷凝器内存在______或________时，冷凝效果将变差，制冷量也将下降。

4. 毛细管可能发生的故障有：______堵、______堵、______堵等。

5. 制冷系统配件进行了更换后，一般都要进行________、________、________、________等工序。

6. 制冷系统里面如果脏污严重要进行________，如果冷冻机油缺失严重就要________。

7. 抽真空的方法根据接管形式可分为__________抽气法、__________抽气法，根据抽气次数可分为______次抽气法和______次抽气法。

8. 电冰箱制冷系统经过维修后都应该进行检测，主要检测制冷时的__________。

9. 电冰箱制冷系统用________作为清洗剂，以________或________进行吹洗。

10. R600a 安全要求维修场地配备________，________良好，严禁__________，维修人员要经过________培训。

11. R134a 制冷剂及其压缩机中所用的______类油吸水性较强，且易水解，因此循环系统中的含________量、含________量要少，________要高，抽真空时间要长。

二、判断题（正确的打“√”，错误的打“×”）

1. 内藏式冷凝器出现漏点时，处理时可改装成外露式冷凝器。（　）

2. 对层架式蒸发器、铝板吹胀式蒸发器可在电冰箱内胆外面用紫铜管重新布置蒸发器，替换原来的蒸发器。（　）

3. 毛细管堵塞多发生在毛细管的出口段。（　）

4. 毛细管出现冰堵时，用加热法（用热湿布包扎或电吹风吹热等）可解决。（　）

5. 更换新干燥过滤器，应在焊接的时候方可打开外包装。（　）

6. R600a 电冰箱低压压力是负压。（　）

7. 夏季冰箱运行稳定后，回气管应有冰凉感，可出现凝露，不可出现结霜。（　）

8. R600a 制冷剂不易燃、不易爆。（　）

三、选择题（将正确答案的序号填在括号内）

1. 在维修制冷剂泄漏故障的电冰箱时，根据打开（　　）瞬间压缩机内有无气体来判断。

A. 防露管　　B. 工艺管　　C. 连接管

2. 肥皂水检漏合格后还要进行压力检漏，即向制冷系统充灌氮气（　　）MPa。

A. 0.1～0.5　　B. 0.5～1.0　　C. 1.2～1.5　　D. 2.5～3.0

3. 单侧抽气是从压缩机的工艺管处（即低压侧）抽气，通常用抽气速率为 1 L/s 的真空泵抽（　　）min 以上即可。

A. 5　　B. 15　　C. 30　　D. 60

4. 充注制冷剂后，用（　　）将工艺管夹扁。

A. 老虎钳　　B. 尖嘴钳　　C. 专用封口钳　　D. 斜口钳

四、简答题

1. 检查压缩机效率下降的两种方法分别是什么？

2. 压缩机抱轴或卡缸的原因有哪些？

3. 简述压接环补漏的操作步骤。

4. 毛细管冰堵现象是怎样的？

5. 简述用称重法判断制冷剂充注量的过程。

§4—2 家用电冰箱常见故障检修

一、填空题（将正确答案填写在横线上）

1. 毛细管或干燥过滤器被微堵后，可用高压______吹洗并加热或______干燥过滤器。

2. 制冷剂不足时，可适量______制冷剂；制冷剂过多时，可________部分制冷剂。

3. 当制冷系统中有空气时，应______制冷剂并在______处理后，重新充注制冷剂。

4. 蒸发器内存油时，应首先查明______排油过多的原因，再________蒸发器。

5. 电冰箱噪声过大的主要原因有：放置地面________、地脚螺钉________、压缩机安装螺栓______、管路______、压缩机______、冰裂声、毛细管或储液器的插入深度______、制冷剂______大等。

6. 检修电冰箱时，首先可从压缩机入手，检查压缩机的______情况，根据压缩机______转、压缩机运转但______、压缩机频繁______、压缩机频繁______等状况来一步一步深入检查，最终确定故障。

二、判断题（正确的打“√”，错误的打“×”）

1. 内埋式热保护器损坏后只能更换压缩机。 （ ）
2. 温控器温度设置不当可造成箱内温度偏高。 （ ）
3. 箱门漏气不会造成箱内温度偏高。 （ ）
4. 冷藏室温度补偿加热丝损坏，会造成电冰箱冷冻室温度过高。 （ ）
5. 电动机线圈对地绝缘电阻过小不会引起箱体漏电。 （ ）

三、选择题（将正确答案的序号填在括号内）

1. 当温控器的旋钮置于（ ）位置容易造成压缩机停机。

A. 弱冷　　B. 强冷　　C. 中间

2. 冷藏室温度偏低可将温控器的旋钮置于（ ）位置。

A. 弱冷　　B. 强冷　　C. 中间

3. 应定期清洗冷凝器，并使电冰箱与墙保持（ ）cm 以上的间距。

A. 5　　B. 10　　C. 20　　D. 30

四、简答题

1. 压缩机不运转、电冰箱不制冷的原因是什么？

2. 电源接通后，压缩机电动机发出“嗡嗡”声，保护继电器随即动作的原因有哪些？

3. 压缩机能启动运转，但不久过电流保护继电器动作的原因有哪些？

4. 压缩机运转但电冰箱不制冷的原因有哪些？

5. 简述内胆破裂的修补方法。

第五章　商用电冰箱

§5—1　商用电冰箱的分类

一、填空题（将正确答案填写在横线上）

1. 商用电冰箱又称为＿＿＿＿＿，主要用于＿＿＿＿、＿＿＿＿的食品冷冻、冷藏、＿＿＿。

2. 商用电冰箱按用途分为＿＿＿＿＿、＿＿＿＿＿、＿＿＿＿＿、＿＿＿＿＿和＿＿＿＿＿五类。

3. 商用电冰箱按使用场合分为＿＿＿＿＿冷柜、＿＿＿＿＿冷柜两类。

4. 商用电冰箱按结构形式分为＿＿＿＿＿、＿＿＿＿＿＿两类。

5. 整体式冷柜的＿＿＿＿与＿＿＿＿＿以固定方式连成一体。

6. 冷柜按冷凝器的冷却介质不同可分为＿＿＿＿＿冷式机组和＿＿＿＿＿冷式机组两种。

7. 商用电冰箱按蒸发器的冷却方式分为＿＿＿＿＿式冷却和＿＿＿＿＿式冷却两类。

二、判断题（正确的打“√”，错误的打“×”）

1. 厨房冷柜除了本身的冷冻、冷藏功能外还有陈列功能。（　　）

2. 商用电冰箱要比家用电冰箱小得多。（　　）

三、选择题（将正确答案的序号填在括号内）

1. 盘管冷却是以空气（　　）对流直接与冷却盘管或冷却平面换热。

A. 强迫　　　　B. 自然

2. 吹风冷却式冷柜是以空气（　　）对流直接与冷却盘管组进行换热。

A. 强迫　　　　B. 自然

四、简答题

冷冻陈列柜的特点有哪些？

§5—2 商用电冰箱制冷系统的主要组成部件

一、填空题（将正确答案填写在横线上）

1. 商用电冰箱制冷系统的主要组成部件包括________、________、________、________、________、________等。

2. 压缩机主要有________式、________式、________式三类。

3. 活塞式压缩机又分为________式、________式、________式三种。

4. 热力膨胀阀有________平衡式与________平衡式两种。

5. 厨房冷柜一般用________平衡式，大型超市冷柜一般用________平衡式。

6. 储液器储存________压制冷剂液体，保证系统________量。

二、判断题（正确的打"√"，错误的打"×"）

1. 开启式压缩机不容易泄漏制冷剂。（　　）

2. 水冷式冷凝器冷凝效果更好，适用于小型制冷系统。（　　）

3. 排管加强制对流风扇式蒸发器，食品干耗严重。（　　）

4. 商用电冰箱干燥过滤器的结构与家用电冰箱差不多，只是体积小一些，而且可拆。（　　）

三、选择题（将正确答案的序号填在括号内）

1. 厨房冷柜的冷凝器主要是（　　）冷式。

A. 水　　B. 风

2. 排管式蒸发器与排管加强制对流风扇式蒸发器比较，其冷却速度（　　）。

A. 慢　　B. 快

四、简答题

商用电冰箱采用的截止阀有哪几种？它们的作用是什么？

§5—3　商用电冰箱电控系统的主要组成部件

一、填空题（将正确答案填写在横线上）

1. 商用电冰箱电控系统的主要组成部件和家用电冰箱________。

2. 电磁阀能自动____________或____________制冷系统的供液管路。

3. 电磁阀可分为两种，即________作用式电磁阀和________作用式电磁阀。商用电冰箱广泛采用的是________作用式电磁阀。

4. 电磁阀的线圈常有交流________、________、110 V、36 V 等几种，直流有________、________、110 V、220 V 等几种，选用时应注意电压。

5. 压力继电器的作用是将压缩机的________气压力控制在某一范围之内，以达到安全保护的目的。常见的压力继电器由________压继电器和________压继电器组成。

6. 选用温控器时，应根据被冷却对象的________范围选择温度范围和________范围的温控器。

二、选择题（将正确答案的序号填在括号内）

1. 压力继电器可通过调整高、低压端的（　　），自行调整压力的设定值。

A. 碟形弹簧　　B. 微动开关　　C. 调节螺钉

2. 制冷剂泄漏会引起（　　）动作。

A. 低压继电器　　B. 高压继电器

三、简答题

1. 温控器又称什么？它的作用是什么？

2. 为什么要进行高压压力的控制？

§5—4　厨房冷柜的结构形式、制冷系统原理、典型控制电路

一、填空题（将正确答案填写在横线上）

1. 四门冷柜，顶置________冷制冷机组，室内采用________式冷却。
2. 六门冷柜，顶置________冷制冷机组，室内采用________式冷却。

二、判断题（正确的打“√”，错误的打“×”）

1. 厨房冷柜一般都采用风冷式冷凝器。（　）
2. 厨房冷柜的节流元件一般都采用毛细管。（　）

三、选择题（将正确答案的序号填在括号内）

1. 工作台式冷柜，左侧放置（　）制冷机组。

A. 风冷式　　B. 水冷式

2. 工作台式冷柜，室内采用（　）式冷却。

A. 盘管　　B. 吹风

四、简答题

1. 按结构形式列出几种典型的厨房冷柜，并分析其特点。

2. 典型厨房冷柜制冷系统的主要部件有哪些？

3. 画出一个典型厨房冷柜的电气系统图。

4. 典型厨房冷柜制冷运行的控制原理是什么?

5. 简述热继电器的工作原理。

§5—5 超市冷柜的结构形式、制冷系统原理、典型控制电路

一、填空题(将正确答案填写在横线上)

1. 上开门卧式冷柜，________放置________制冷机组，室内一般采用________式冷却。

2. 开式货架式陈列柜，风冷或水冷制冷机组一般放于________或________，室内采用________式冷却。

3. 闭式货架式陈列柜，风冷制冷机组放于________或________，室内采用________式冷却。

4. 岛式陈列柜，风冷或水冷制冷机组一般放于________或________，室内采用________冷却。

5. 柜台式陈列柜，带有________罩，风冷制冷机组一般放于________或________，室内采用________冷却。

6. ________式陈列柜和________式陈列柜是超市最常见的。

7. 对大容量的冷柜，要求制冷量________，负荷变化也较______，为了实现经济运行，采用多台半封闭压缩机________联组合式机组，向________台陈列柜供冷。

二、判断题(正确的打"√"，错误的打"×")

1. 货架式陈列柜一般在超市中间布置。 ( )

2. 货架式陈列柜单体最大长度为 5 m，可以多个拼装在一起。 ( )

3. 岛式陈列柜单体最大长度为 5 m，不可以拼装在一起。 ( )

4. 岛式陈列柜单体在布置时，一般不靠墙。 ( )

三、选择题（将正确答案的序号填在括号内）

1.（　　）陈列柜制冷系统紧凑，制冷连接管路较短，工作效率较高，且方便操作和控制。

A. 分体式　　　　B. 整体式

2. 吹风冷却式陈列柜一般（　　）自动化霜功能。

A. 有　　　　B. 没有

四、简答题

1. 陈列柜采用直接盘管冷却有哪些优点？

2. 画出典型的单段分体货架式超市陈列柜的电气原理图。

§5—6　商用电冰箱制冷剂的充注

一、填空题（将正确答案填写在横线上）

向机组充注制冷剂后，应观察机组在运行中有无______现象、______是否正常，以及蒸发器和__________的结霜情况。

二、判断题（正确的打“√”，错误的打“×”）

1. 热力膨胀阀流量过大会导致制冷量不足，甚至出现液击现象。（　　）

2. 蒸发器结霜不满（前半部分结霜，后半部分不结霜），可能是热力膨胀阀流量过大。（　　）

三、选择题（将正确答案的序号填在括号内）

1. 采用气态制冷剂充注时的速度较（　　）。

A. 慢　　B. 快

2. 采用液态制冷剂充注时的速度较（　　）。

A. 慢　　B. 快

3. 流量正常的标志是：热力膨胀阀的阀体呈 45°结霜，蒸发器（　　）满实霜，用手指蘸水后触摸蒸发器表面，应感到粘手。

A. 不结　　B. 结

4. 热力膨胀阀流量过小会导致吸气压力过（　　）。

A. 低　　B. 高

四、简答题

1. 商用电冰箱气态制冷剂的充注步骤有哪些？

2. 商用电冰箱液态制冷剂的充注步骤有哪些？

第二篇　空调器原理与维修

第六章　房间空调器概述

§6—1　房间空调器的分类、规格型号和性能指标

一、填空题（将正确答案填写在横线上）

1. 房间空调器按结构形式分为__________式空调器和________式空调器，按用途分为________型、________型、________型和________型四种，按气候类型分为________、________、________三种。

2. KFR-35GW表示________气候类型，分体________型挂壁式房间空调器，额定制冷量为_____ W。

3. 整体式空调器有________空调器、_______式空调器两种。

二、判断题（正确的打“√”，错误的打“×”）

1. 电热型空调器的制热量即为其电热器的输入功率。（　　）

2. 制冷量的单位是度。（　　）

三、选择题（将正确答案的序号填在括号内）

1. 空调的能效等级分为（　　）个等级。

A. 二　　B. 三　　C. 四　　D. 五

2. 我国空调器气候类型适用（　　）。

A. T_1　　B. T_2　　C. T_3

四、简答题

1. 简述能效比（EER）的含义。

2. 简述性能系数（COP）的含义。

§6—2 房间空调器的结构

一、填空题（将正确答案填写在横线上）

1. 分体挂壁式空调器结构分为________机组和__________机组，中间用__________铜管和__________相连。

2. 挂壁式空调器室内机组主要由________、________、________及________、________、________和________等组成。

3. 挂壁式空调器室外机组主要由________、________、压缩机、冷凝器、毛细管、________等组成。热泵型空调器的室外机组还有________和________等部件。

4. 嵌入式空调器一般安装在室内________或人员较密集的______。

二、判断题（正确的打“√”，错误的打“×”）

1. 立柜式空调器适合用于家庭的卧室。（ ）
2. 立柜式空调器制冷量比较大，噪声比较小。（ ）
3. 连接管外包保温材料，可减少冷量损失。（ ）

三、选择题（将正确答案的序号填在括号内）

1. 室内机组管路和室外机组管路通常用两根（ ）铜管相连接。

A. 黄　　B. 紫

2. 嵌入式空调器是通过（ ）进行排水。

A. 自然流淌　　B. 排水泵

四、简答题

分体挂壁式室内机组有哪些特点？

第七章　房间空调器制冷系统原理

§7—1　房间空调器制冷系统的主要组成部件

一、填空题（将正确答案填写在横线上）

1. 涡旋式压缩机的性能比________式和________式压缩机提高了很多。

2. 家用空调器的冷凝器大都是________冷却型（或叫________冷型）的，多采用________片式翅片结构。

3. 冷凝器的翅片主要分为________式、________形、________式三种。

4. 家用空调器中，冷却空气的蒸发器称为__________式蒸发器。

5. 蒸发器中制冷剂的热力变化分两个区域：前面是________区，它占用蒸发器的________部分传热面积；后面是________区，过热蒸气在蒸发器的出口端附近只占用________量传热面积。蒸气的过热，有利于压缩机吸气时避免__________。

6. 毛细管一般采用内径________ mm 左右的紫铜管。

7. 单向阀与进出管焊接时，要对阀体进行________保护，以免内部________因高温变形而损坏。

二、判断题（正确的打“√”，错误的打“×”）

1. 过滤器中杂物过多时，就会造成脏堵，导致过滤器结霜、空调器制冷量下降。（　　）

2. 活塞式压缩机比旋转叶片式压缩机效率高。（　　）

3. 涡旋式压缩机比旋转叶片式压缩机效率高。（　　）

4. 活塞式压缩机比旋转叶片式压缩机噪声小。（　　）

5. 涡旋式压缩机比旋转叶片式压缩机噪声小。（　　）

三、选择题（将正确答案的序号填在括号内）

1. 热泵空调器设置了一个能使制冷剂正向或反向流动的装置，即（　　）。

A. 电磁阀　　B. 电磁四通换向阀　　C. 截止阀

2. 毛细管主要起节流和（　　）压作用。

A. 降　　B. 升

3. 气液分离器安装在压缩机的（　　）管上。

A. 吸气　　B. 排气

四、简答题

1. 旋转叶片式压缩机的主要结构组成有哪些?

2. 为什么涡旋式压缩机的效率高?

3. 单向阀的作用是什么?

4. 气液分离器的作用是什么?

§7—2 房间空调器制冷系统结构分析

一、填空题(将正确答案填写在横线上)

1. 空调器的制热方式分为________制热和________制热两种。

2. 热泵型分体挂壁式空调器在原有制冷系统上加了一个________、一个________和________，完成________两用。

3. 热泵空调器是通过吸收________热量来制热的。一般室外气温为0℃时，其制热量为额定制热量的________%；室外气温为−5℃时，其制热量仅为额定制热量的________%。

4. 在空调器制热运行时，如果环境温度较________，________换热器肋片上将结霜。结霜严重可导致________能力下降，此时应进行除霜。其方法是四通阀________，转为________运行并接通________，经几分钟后，除霜结束再转为原来的________运行。

二、判断题(正确的打“√”，错误的打“×”)

1. 空调器的热泵制热方式比电加热制热方式效率要高。 ( )

2. 压缩机过负荷不会使压缩机冷冻机油的油质恶化。 ( )

三、选择题（将正确答案的序号填在括号内）

1. 热泵制热原理是利用制冷系统的（　　）来加热室内空气的。

A. 电加热　　　B. 压缩冷凝热

2. 制热时，单向阀和制热毛细管可以起到（　　）毛细管的作用。

A. 缩短　　　B. 加长

四、简答题

分体挂壁式空调器热泵的制热原理是什么？

§7—3　房间空调器制冷剂的充注

一、填空题（将正确答案填写在横线上）

1. 空调器和家用电冰箱制冷系统在维修操作方法上________，只是________________方法上差别稍大些。

2. 歧管式压力表是最________的工具之一，由________表和________表两个表头、阀体、单向阀、高低压侧手动阀及连接软管组成。三个软管分别采用______________三种颜色，其中________软管与高压表下面的接头连接，________软管与低压表下面的接头连接，________软管用来接________或________。

3. 制冷剂充注的方法：将________瓶、________表和空调________机连接好，分体空调室外机________上有充制冷剂的接嘴，只要把歧管压力表的软管________拧到接嘴上即可。

二、判断题（正确的打“√”，错误的打“×”）

1. 充 R410A 和充 R22 的压力表可以通用。（　　）

2. R290 和 R32 系统的制冷剂操作时，应采取防静电措施，如戴防静电手套等。（　　）

三、选择题（将正确答案的序号填在括号内）

1. R410A 属于近似（　　）混合制冷剂。

A. 共沸　　　B. 非共沸

2. 非共沸制冷剂在液态、气态的成分不同，只能使用（　　）态充注。

A. 气　　　　B. 液

3. R410A 和 R32 制冷系统的压力比 R22 的要（　　）1.6 和 1.8 倍，所以操作时要使用专用工具及材料。

A. 大　　　　B. 小

4. R32 和 R290 属于（　　）燃爆的工质。

A. 不可　　　　B. 可

四、简答题

1. 简述制冷剂充注量的判断方法称重法。

2. 简述制冷剂充注量的判断方法最大温差法。

第八章　房间空调器电控系统原理

§8—1　房间空调器电控系统的主要组成部件

一、填空题（将正确答案填写在横线上）

1. 房间空调器一般都采用________式压缩机，这种电动机直接暴露在高温、高压的________和________的混合物中，易________________。

2. 热泵型空调器可以通过________来控制制热量的大小，不必受到室外________的限制，因而大大提高了其________能力。

3. 变频器分为直接（________）变频和间接（________）变频两大类。

4. 空调器出风栅叶摇风装置杆上用的微型电动机就属于________电动机。

5. 电子式温控器常以具有______________的热敏电阻作为感温元件，并与________配合使用。

二、判断题（正确的打"√"，错误的打"×"）

1. 空调器上用的电子式温控器与电冰箱上用的电子式温控器工作原理相同。（　　）

2. 过载保护器可防止电动机过载烧坏，只有温度保护功能。（　　）

三、选择题（将正确答案的序号填在括号内）

1. 一般压缩机电动机的启动电容器的容量较大，可达 25 ～（　　）μF。

A. 50　　B. 100　　C. 200

2. 电磁换向阀的电磁线圈损坏后，可重新（　　）。

A. 更换　　B. 修理

3. 电磁换向阀活塞卡阻后应（　　）阀体。

A. 更换　　B. 修理

四、简答题

1. 压力控制器的作用有哪些？

2. 过载保护器的作用是什么？它一般安装在哪个位置？

§8—2　房间空调器的典型控制电路

一、填空题（将正确答案填写在横线上）

1. 目前新型房间空调器已普遍采用____________________控制。

2. 具有睡眠自动控制功能的空调器能对________和________进行自动控制，以保证安静舒适的睡眠环境。

3. 遥控器通常用______线作为载体，发送控制信号。它由遥控信号________和遥控信号________两个部分组成。

4. 微型计算机空调器的控制电路一般都由________、________、________、________、________、________、________、________及________等单元组成。

5. 微型计算机空调器的室内风扇电动机由________驱动。

6. 室内风机的调速方式为______级调速。电动机内部装有______元件进行速度反馈，单片微型计算机 IC1 的 33 脚测得风机的速度反馈信号后，通过 39 脚输出______电平时间的______来改变光控硅的________，从而起到控制风扇电动机的______，调节风扇电动机________的目的。

7. 为了维修方便，部分微型计算机控制的空调器还具有__________功能。

二、判断题（正确的打“√”，错误的打“×”）

1. 微型计算机控制的空调器可定时开机，但不能定时停机。　（　　）

2. 当睡眠运行结束后，空调器将自动关机。　（　　）

三、选择题（将正确答案的序号填在括号内）

1. 由 3 端稳压器 7805 稳压后输出的（　　）V 直流电作为控制电路的主电源。

A. 12　　B. 5　　C. 24

2. 当电源电压出现异常时，微型计算机将控制空调器（　　）运行。

A. 停止　　B. 报警但不停止

四、简答题

1. 微型计算机空调器的电源电路是怎样将 220 V 交流电变成 12 V 直流电的？

2. 光电耦合器的工作原理是什么？

§8—3 变频空调器的电气控制系统

一、填空题（将正确答案填写在横线上）

1. 在制冷工况下，刚开机时房间内温度较高，压缩机就______运转，空调器______冷量输出，使温度______下降。当下降到______的温度范围时，压缩机就______运转，空调器______冷量输出，保持房间内温度基本__________。

2. 直流变频压缩机通过特殊的__________供电方式改变电动机的__________。

3. 变频空调器的电路主要分__________和__________两个单元，每个单元都使用__________作为核心控制部件。两块微处理器之间通过__________传递__________控制信号，互相交换信息，__________控制机组正常工作。

4. 室外电路由__________、__________和__________三部分电路组成。

5. 室外机的电源电路提供各个电路的__________。变频模块受________控制信号的驱动，为______电动机输出不同______与________的运转电流。

二、判断题（正确的打“√”，错误的打“×”）

1. 三相交流电的各相位差为 180°（　　）

2. 直流变频比交流变频效率高，比较常用。（　　）

三、选择题（将正确答案的序号填在括号内）

1. 变频空调器常用通信电路用（　　）V 作为工作电压。

A. 24　　B. 12　　C. 5

2. 直流变频压缩机的定子采用（　　）结构。

A. 永磁体　　　B. 绕组　　　　C. 其他

四、简答题

1. 室内机组与室外机组的两个微处理器之间为什么要设置通信电路？

2. 变频压缩机直流电动机是如何调节转速的？

3. 与普通空调器相比，变频空调器有哪些特点？

第九章　房间空调器常见故障维修

§9—1　房间空调器故障检查方法

一、填空题（将正确答案填写在横线上）

1. 制冷系统运行中的噪声，主要来自________和________。

2. 电磁四通换向阀正常换向时，一般有两种声音：一种是当电磁阀线圈通电后，阀芯与顶盖相碰时产生的________声，仔细听可听到“____”的一声；另一种是换向阀阀芯被移动后，就有急促的________声“________”。

3. 压缩机振动会引起底盘或管路的________声。

4. 如果电动机转不动，有可能是电动机的________损坏或________击穿。

5. 当冷凝机组出风量小时，可检查________间的积灰情况。

二、判断题（正确的打“√”，错误的打“×”）

1. 空调器箱体外表面凝露不应滴下，室内送风不应带有水滴。（　　）

2. 室内机组的进风和出风存在温度差，当风量变大其温差就变小，风量变小其温差就变大。（　　）

3. 电动机外壳温度达到不能用手去触摸（感到烫手）时，不能说明电动机已过载运行或有故障。（　　）

三、选择题（将正确答案的序号填在括号内）

1. 空调器的实测制冷量不应小于其额定制冷量的（　　）。

A. 90%　　B. 92%　　C. 95%　　D. 98%

2. 空调器的实测制冷消耗功率不应大于其额定制冷消耗功率的（　　）。

A. 105%　　B. 110%　　C. 115%　　D. 120%

3. 热泵的实测制热量不应小于其额定制热量的（　　）。

A. 90%　　B. 95%　　C. 97%　　D. 98%

4. 热泵的实测制热消耗功率不应大于其额定制热消耗功率的（　　）。

A. 105%　　B. 110%　　C. 115%　　D．120%

5. 空调器自动除霜时，要求除霜所需总时间不超过试验总时间的（　　）。

A. 5%　　B. 10%　　C. 15%　　D. 20%

6. 以不过分地牺牲制冷量为原则，各厂家都尽量（　　）风量，这已成为当前设计时选用风机的一个趋势。

A. 减小　　　　B. 增加

四、简答题

1. 一台空调器室内风机和压缩机正常工作但室外风机不工作，应如何进行检查？

2. 空调器空气循环系统中常见的异常气味有哪两种？应如何处理？

§9—2　房间空调器常见故障判断与排除

一、填空题（将正确答案填写在横线上）

1. 空调器的故障归纳起来主要有＿＿＿＿、＿＿＿＿、＿＿＿＿、＿＿＿＿、＿＿＿＿等。

2. 堵是指制冷管路、＿＿＿＿及＿＿＿＿、＿＿＿＿的脏堵和冰堵，蒸发器或冷凝器的＿＿＿＿及空调器送风口和回风口的积物堵塞等。

3. 断是指＿＿＿＿、＿＿＿＿断开，控制器件的＿＿＿跳开或因电流过大引起＿＿＿＿动作而切断电路等。

4. 烧是指＿＿＿＿、＿＿＿＿及其他各种＿＿＿被烧毁，控制电路中某些元件的损坏等。

5. 卡是指＿＿＿的卡住、＿＿＿的卡住及运动部件的＿＿＿＿磨损等。

二、判断题（正确的打“√”，错误的打“×”）

1. 房间空调器室内机组工作，但室外机组不工作，可能是因为环境温度太高、压缩机过热。（　　）

2. 分体式空调器室内机组风扇工作，室外风机工作，但压缩机不工作，可能是因为环境温度太高、压缩机过热。（　　）

3. 房间空调器室外机组工作，但室内风扇不工作，可能是因为电源电压太低。（　　）

三、选择题（将正确答案的序号填在括号内）

1. 单冷型普通房间空调器室内机工作，压缩机工作，但室外风扇不运转，则室内控制电路（　　）。

A. 正常　　B. 不正常

2. 房间空调器压缩机启停频繁，与过载保护器失灵（　　）。

A. 无关　　B. 有关

3. 分体式空调器室内温度过低，压缩机不停机，与温控器失灵（　　）。

A. 无关　　B. 有关

4. 热泵分体式空调器制冷正常但不制热，与制热继电器线圈烧坏或触点损坏（　　）。

A. 无关　　B. 有关

四、简答题

1. 空调器风扇、压缩机均运转但空调器不制冷也不制热的故障原因有哪些？

2. 空调器制热效果不佳时应如何分析判断故障？

3. 空调器通电后不运转的原因有哪些？应如何解决？

§9—3　房间空调器的检修流程

简答题

1. 画出分体挂壁式空调器制冷量不足的故障维修流程图。

2. 画出分体挂壁式热泵型空调器室内机有风不制热的故障维修流程图。

第十章　汽车空调器原理与维修

§10—1　汽车空调器的特点与分类

一、填空题（将正确答案填写在横线上）

1. 汽车空调器全部采用的是________制冷循环系统。

2. 空调器要有良好的________和________。汽车在行驶过程中，产生振动的________都非常大，为了防止因振动引起制冷剂泄漏，大量使用________代替________，连接各个分散的部件组成制冷系统。

3. 驾驶员是在________的同时操作制冷系统的，因此控制部件的________和________要给驾驶员提供________，功能显示应________。

4. 汽车空调器按结构可分为__________、__________和________三种类型。

5. 汽车空调器按送风方式可分为________式和________式两种类型。

二、判断题（正确的打“√”，错误的打“×”）

1. 大型客车或公共汽车上安装的空调器一般是独立分体式的。（　　）

2. 单冷型即单一功能的空调系统，一般来说是指只能在夏季使用制冷方式的汽车空调系统。（　　）

三、选择题（将正确答案的序号填在括号内）

1. 采用单冷型空调系统的汽车，无论是小轿车还是大客车，其供暖系统一般是利用（　　）作为热源的。

A. 发动机的冷却水　B. 专门的制热装置

2. 普通小轿车、普通货车、工程车和微型车多采用（　　）送风方式。

A. 直送式　　　　B. 风道式

3. 中型和大型客车上多采用（　　）送风方式。

A. 直送式　　　　B. 风道式

四、简答题

非独立分体式汽车空调器的特点有哪些？

§ 10—2　汽车空调器的主要组成部件

一、填空题（将正确答案填写在横线上）

1. 涡旋式压缩机的核心是______，涡旋副由一个______涡旋体（定片）与一个______涡旋体（动片）组成，两个涡旋体相互呈______的角度装配在一起。

2. 汽车空调器常用的换热器有：__________、__________、__________及__________、__________等类型。

二、判断题（正确的打“√”，错误的打“×”）

1. 和传统的往复式压缩机相比，涡旋式压缩机的体积减小了，重量减轻了，效率提高了，噪声也降低了。（　　）

2. 旋转式压缩机和传统的往复式压缩机相比，体积增大了。（　　）

3. 汽车空调器的换热器与其他空调器相比，其体积要小。（　　）

三、选择题（将正确答案的序号填在括号内）

1. 斜盘式压缩机如果活塞只是一端有压缩空间，称为（　　）向活塞式。

A. 单　　B. 双

2. 斜盘式压缩机如果活塞两端都有压缩空间，称为（　　）向活塞式。

A. 单　　B. 双

3. 十缸双向斜盘式压缩机，在斜盘周围均匀布置了（　　）个活塞。

A. 三　　B. 四　　C. 五　　D. 六

四、简答题

1. 汽车空调器常用的压缩机类型有哪些？

2. 制冷压缩机的驱动一般采用哪两种方法？

§10—3 汽车空调器的制冷系统

一、填空题（将正确答案填写在横线上）

1. 汽车空调器的制冷系统按使用节流部件的不同，可分为________系统和________系统两种类型。

2. 电磁离合器的结构主要由________、________和________三部分组成。

3. 储液干燥器是____储液罐和________的组合体，制冷剂液体经过它的时候，完成了对制冷剂的________和________。

4. 储液干燥器的出口与膨胀阀相连，在出口处安装有________镜。

5. 有的汽车空调器使用的是____型膨胀阀，其内部通路的形状像英文字母________。

6. 节流孔管又称孔管，是一个长度固定的____形元件，内部有一个固定的________和一个优质的________，通常放置在________前的制冷剂管路中。

7. 在驾驶室的挡风玻璃下面设置有三个出风口，以防止挡风玻璃上________，影响驾驶员的________。

8. 驾驶室的座椅______方，一般也设置有出风口，暖风向驾驶员的________部吹出，以保证驾驶员操作灵活。

二、判断题（正确的打“√”，错误的打“×”）

1. 为了保证车厢内的空气质量，暖风箱通过排风口补充适当的新风。（　　）

2. 回风口安装有过滤器，以保证空气的洁净度。（　　）

三、选择题（将正确答案的序号填在括号内）

1. 视液镜作为一个独立的部件，安装在（　　）出口的管路中。

A. 蒸发器　　B. 冷凝器　　C. 压缩机

2. 大型客车的冷凝器使用（　　）组翅片管式换热器，二至三台风扇电动机强迫空气从汽车顶部流出。

A. 一　　B. 两　　C. 三　　D. 四

3. 大型客车的冷凝器总成和蒸发器总成相邻安装在一起，放置在汽车（　　）。

A. 中间的顶部　　B. 前部　　C. 后部

四、简答题

电磁离合器的工作原理是什么？

§10—4 汽车空调器的电气控制

一、填空题（将正确答案填写在横线上）

1. 一个完整的汽车空调控制电路应该具备对______空气温度、______分配、______配给等参数的______功能，同时能对制冷系统的______、车辆行驶的______等参数进行有效的__________，并能及时地进行__________或实施__________。

2. 当使用空调器时，首先通过________接通电源，温度控制器根据车厢内的______高低，自动控制__________的______与______，从而控制空调器的自动运行，运行状态通过________在操作面板上显示。

3. 汽车空调蒸发器风机电路通过改变串入______的大小改变转速，以实现__________、__________、__________三种制冷方式。

4. 控制电路还分为______空调控制电路和______空调控制电路，______车辆上使用的是单空调控制电路。______上的空调器，由于采用的是双路制冷循环系统，所以是双空调控制电路。

5. 按“A/C”键可以使空调器在______与______两种状态间______。在按下“开”键时，“A/C”状态默认的是______，只要车厢内的温度高于______的目标温度约______℃，空调器______运行。

6. 左右两路制冷系统采用的是______目标温度设置，根据各自______的温度监测，控制左右两路__________的工作，互不影响。每次开机时，目标温度是______的设定值。

二、简答题

大型客车的空调电路是如何实现温度控制的？

§10—5 汽车空调器的维护与修理

一、填空题（将正确答案填写在横线上）

1. 在汽车发动机停止工作时，检查________的张力和状态，如果存在任何________，要及时________。如果皮带松弛，要及时________。

2. 通过________观察制冷剂量是否正常，若制冷剂________，无________为正常。如果出现大量________或几乎________，应及时加注制冷剂。

3. 对压缩机轴和管路的各个连接口处仔细观察，检查有无________，以确定有无泄漏点。

二、判断题（正确的打“√”，错误的打“×”）

1. 不同牌号的冷冻机油不能混用。 （ ）

2. 系统泄漏会引起高压低于正常值。 （ ）

3. 系统泄漏会引起低压高于正常值。 （ ）

三、选择题（将正确答案的序号填在括号内）

1. 冷凝器散热片脏污、堵塞会引起高压（ ）于正常值。

A. 高 B. 低

2. 膨胀阀开启度不够会引起低压（ ）于正常值。

A. 高 B. 低

四、简答题

1. 汽车空调系统的检漏方法有哪些？

2. 荧光检漏的操作步骤是什么？

综 合 题 1

一、填空题（将正确答案填写在横线上）

1. 有的电冰箱外壳用硬质装饰性______板或塑料______拼装而成。顶盖一般用______板，在压缩机的机仓位置装有加强______，防止搬运时底部摔伤。

2. 磁性门封试验证明，当电冰箱关闭时，箱内冷量仅有______%从箱体与箱门的绝热层散失，而其余______%是从门缝泄漏的。为了防止从门缝处泄漏冷气，箱门上均装有______门封。门封既防止______外泄，又阻止外界______的侵入。

3. 曲柄滑管式压缩机的机芯由______和______组成。其中，下部为单相交流电动机，由定子和__________两部分组成。定子由________和__________组成，转子安装在________内，其主轴由固定在机体上的__________支撑。

4. 曲柄滑管式压缩机的曲柄轴仅有______个支撑点，因此，不适于做__________的压缩机，多用于输出功率小于________的压缩机。这种压缩机噪声______，使用寿命______，电冰箱上应用较______。

5. 空气冷却式冷凝器又可分为__________对流冷却式和__________对流冷却式。______对流冷却式冷凝器的传热效率较______，但风机有一定的__________，__________型电冰箱和______电冰箱等多采用此种冷却方式。

6. 内藏式冷凝器的盘管采用外径为______ mm 的铜管弯制而成。弯好的铜管用______胶带和导热胶粘贴在箱体______板或______内侧，经__________绝热泡沫__________后将盘管紧固在侧板或后板上。

7. 目前电冰箱所采用的管板式蒸发器由薄__________或__________板作为蒸发器的内胆，外层则以铜管或______扁管通过______胶带或______胶将其固定。

二、判断题（正确的打“√”，错误的打“×”）

1. 钢丝式冷凝器比内藏式冷凝器散热性能差。（　）

2. 钢丝式冷凝器比内藏式冷凝器美观。（　）

3. 外露式冷凝器出现漏点时，修复工作较为复杂。（　）

三、选择题（将正确答案的序号填在括号内）

1. 管板式蒸发器用于（　）电冰箱。

A. 直冷式　　B. 风冷式

2. 冷冻室为内抽屉式的双门大容量直冷式电冰箱一般采用（　）。

A. 管板式蒸发器　　B. 搁架式蒸发器

3. 翅片盘管式蒸发器用于（　　）电冰箱。

A. 直冷式　　　　　　　　B. 风冷式

4. 供电频率越高，压缩机转速越快，电冰箱制冷量越（　　）。

A. 大　　　　　　　　　　B. 小

5. 供电频率越低，电冰箱制冷量越（　　）。

A. 大　　　　　　　　　　B. 小

四、简答题

1. 曲柄滑管式压缩机上部的缸体主要由哪些配件组成？

2. 空气自然对流冷却式冷凝器的特点有哪些？

3. 内藏式冷凝器的特点有哪些？

4. 翅片盘管式蒸发器的特点有哪些？

5. 简述水分和杂质对电冰箱制冷系统的危害。

6. 与单门电冰箱相比，双门电冰箱的主要优点有哪些？

7. PTC 元件有哪些优点和缺点？

8. 简述电子温度控制器的工作原理。

9. 将电冰箱的型号填写在下图中。

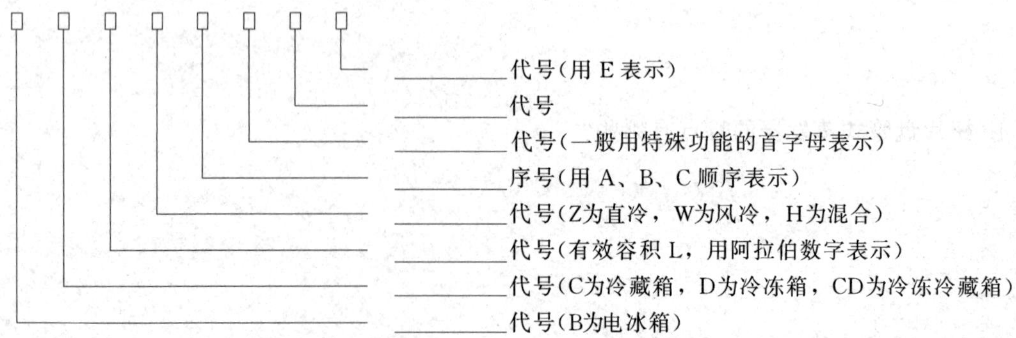

综合题2

一、填空题（将正确答案填写在横线上）

1. 翅片盘管式蒸发器的翅片一般是以____mm的____片或铜片制成，片间距为6～8 mm，盘管采用____mm的铝管或铜管，盘管之间设有____器，用以快速自动____。

2. 双温控型双门电冰箱制冷系统的工作过程：当电冰箱开始______时，冷藏室温度较____，冷藏室温控器________，压缩机______，而电磁阀________，制冷剂即由毛细管1经______蒸发器流入______室蒸发器，两室同时制冷。当冷藏室温度达到____温度时，冷藏室温控器_________，同时电磁阀_________，电磁阀动作，______毛细管1、______毛细管2。这时冷冻室温控器仍处于_________状态（两温控器触点并联），压缩机继续运行。制冷剂即由毛细管2直接进入_________蒸发器，对冷冻室______制冷，直至_______也达到设定温度后，压缩机才______运行。不管哪个室的温度______至启动温度，均能使压缩机_________，从而达到双温双控的目的。

3. 典型三门或三门以上电冰箱的制冷系统，由_________输出的____压制冷剂经一个_______器分为三路，分别送入三个_________，三个_________的出口分别接_______、变温、________三根毛细管，通过________、变温、________三个独立的蒸发器最终经汇流器并成一路回到___________。在制冷控制上，冷藏室、变温室、冷冻室三个温区的_________均采用_________控制。

4. PTC元件是以高纯度的______（$BaTiO_3$）添加微量的Bi、Sb等杂质______而成。

5. 过载保护器由碟形____金属片，动、____触点，端子，______丝，______螺钉和锁紧螺母等组成，碟形双金属片由____层金属片构成，上层金属片热膨胀系数为____，下层金属片热膨胀系数为____。在正常工作状态时，碟形双金属片处于将端子间的电路______的位置。

6. 碟形过载保护器中双金属片的加热需要一定的时间，一般为____s，才会弯曲变形切断电路，而电动机的正常启动时间只有____s，因此这种过载保护器_________因启动电流过大误动作。出厂时，其延时断开和复位时间都已_________，在使用与维修中_________调整。

7. 电子式温度控制器又称___________电阻式温控器。

8. 负温度系数是指电阻的温度越____，它的电阻值就_____的电阻特性。这种温度控制器的温控原理是：利用热敏电阻探测箱内温度的变化，使其自身的_________发生较大变化，________的变化转化为_____的变化并经放大后，通过继电器来控制_________的运转与停止。

9. 多温区自由变温电冰箱设____个以上制冷循环回路，通过计算机对制冷剂流

__________和__________进行精密控制（温度精度最高可达____℃，一般可达____℃），按需要使制冷回路适时切换，可跨越冷藏（____℃）、冰温（____℃）、软冷冻（____℃）、冷冻（____℃）和深冷冻（____℃）五大功能温区，实现自由变温，按不同__________温度要求有针对性地保存食品，提高食品的________质量，并使快速__________、__________、__________和快速________能方便地实现。

10. 电冰箱内设__________盒与__________盒。电冰箱可自动从______中抽水____，并将冰块自动翻转倒入______中。

11. 压缩机出现异常响声后，首先应判断响声是来自其____部还是____部。在压缩机外部，制冷系统管路__________、压缩机底部螺栓__________等都会发出敲击声。在压缩机内部，活塞销与连杆小头及活塞销座之间的__________因长期磨损而__________，严重时会发出“嗒嗒”的敲击声；压缩机内各减振弹簧的__________不一致或运输时没有__________放置，使某弹簧脱落、断裂也会从机壳内发出“哨哨”的响声。另外，____________系统方面的故障也会产生类似的响声，如______声，制冷剂过多时压缩机发出的“______”声等。

二、判断题（正确的打“√”，错误的打“×”）

1. 内藏式冷凝器出现漏点时，只需将其漏点补焊好即可。（　）
2. 分体式陈列柜的制冷压缩冷凝机组、电气控制系统的部分设备与柜体、冷却系统分开。（　）

三、选择题（将正确答案的序号填在括号内）

1. 变频电冰箱通过提高压缩机工作频率的方式，增大了在（　）温时的制冷能力。
A. 高　　B. 低
2. 变频电冰箱每次开始使用时，通常是让电冰箱以最（　）功率进行制冷。
A. 大　　B. 小
3. PTC 元件为（　）温度系数的热敏电阻。
A. 正　　B. 负
4. 电子式温度控制器为（　）温度系数的热敏电阻。
A. 正　　B. 负
5. 浸水检漏适用于（　）拆卸下来的制冷部件进行单独检漏。
A. 不能　　B. 能
6. 热力膨胀阀流量正常的标志是其阀体呈（　）结霜。
A. 60°　　B. 45°　　C. 30°

四、简答题

1. 微型计算机控制电冰箱的低温自动补偿是如何进行的？

2. 内藏式冷凝器出现漏点后应如何修复?

3. 电冰箱蒸发器泄漏后应如何维修?

4. 简述门封老化变形、软质聚氯乙烯出现裂纹的故障维修方法。

5. 简述磁性门封本身不平、有凹陷处而出现缝隙的故障维修方法。

6. 箱体漏电的主要原因有哪些?

综合题3

一、填空题（将正确答案填写在横线上）

1. 胶粘剂补漏常用的胶粘剂有________________、________________粘剂、JC311型胶粘剂等。补漏时应把制冷系统中的氮气__________（卸压），然后将__________周围胶接面用刀片轻轻刮研，再用汽油或__________清洗，并____________。从胶粘剂配套的__________两管中挤出_________的原料于玻璃板或塑料板上，__________后充分调匀，涂在__________周围，以能覆盖孔洞周围_____宽为好。在室温_____下，胶粘剂的固化时间为____ h。若要缩短时间，可用__________灯泡烘烤胶粘剂，等胶粘剂固化后方可____________。

2. 浸水检漏法，先向被检部件内充入1.0 MPa左右压力的____气，然后将部件浸入________中，观察______左右，无任何______冒出为合格。

3. 厨房冷柜制冷机组均采用__________式制冷方式，制冷剂采用________或________等，机组按冷凝器的冷却介质不同可分为__________冷式机组和__________冷式机组两种。

4. 厨房冷柜储液器可以起到高低压____________作用，在其上设有出口________，有________，便于________又________。

5. 厨房冷柜压力继电器的__________压力和__________压力出厂前已经________，如发现与使用条件不符，可通过调整__________端的__________螺钉，自行调整压力的________。如将高压端调节螺钉向____旋，________弹簧时高压设定的压力就________，反之就降低；对于低压端压力，旋转低压调节螺钉，使弹簧________则低压设定的压力________，反之则降低。

6. 整体式陈列柜，其制冷机组安装在陈列柜柜体________。________的制冷系统向冷柜供冷，制冷循环过程，工质的________、________、________和________均在冷柜内完成。其制冷系统________，制冷连接管路________，工作效率较________，且方便____________。

7. 外置机组的分体式陈列柜制冷管路较________，管路阻力损失较________，除________安装工艺外，更应选择较______制冷量的制冷装置。外置机组的分体式陈列柜已被广泛地应用于____________。

8. 分体式陈列柜可以____台室外机组向____台室内陈列柜供冷，也可以____台较____制冷容量的室外机组向____台室内陈列柜______供冷，实现经济运行。

9. KFR-70LW/BP，表示________气候类型，分体________型落地式，________房间空调器（________），额定制冷量为________ W。

10. KT_2FR-70L/BPF，表示________气候类型，分体______型落地式________房间空

调器________机，具有________功能的室内机，额定制冷量为__________W。

11. 空调器在某种__________（即工况）下，在单位时间内从__________空间、________间或区域内所吸收的__________称为制冷量，其单位是__________或__________。

12. 制热量是指空调器在单位时间内向__________空间、房间或区域内所__________的热量，其单位和制冷量__________。热泵型空调器的制热量是在____________规定的测试工况下测得的，电热型空调器的制热量即为其________的输入功率。

13. 室外机组内用__________隔出一个电气室，电气室内放置__________和____________。电气元件位于__________的上部，在盖好外壳后，__________不能淋入电气室，可确保机组的安全运行。外壳的后部、下部、顶部及一侧面开有______口，另一侧面装有__________，管接头的上方设有__________，室外机组的____________和____________安装在____________。

14. 扩口管螺母接头的连接，它依靠连接管两端的__________与室内外机组__________的锥端紧密接触，实现__________连接。

15. 嵌入式空调器的结构包含三个部分：____________、____________、__________。室外机和连接管线与__________空调机相同，室内机有较大__________，一般安装在室内__________的中间或人员较密集的__________，空调器通过__________进行排水。

16. 为使空调器夏季制______，冬季制______，而且又要使用________制冷系统，__________空调器设置了一个能使制冷剂__________或__________流动的装置，即______________。它可以根据制冷和制热的不同需要来__________制冷剂的流动方向。当______制冷剂进入______换热器时（此时为蒸发器），空调器向室内送______风；当______制冷剂进入______换热器时（此时为冷凝器），空调器向室内送______风。

17. 根据流体力学原理，任何一种______体，当它流过__________的管子时，由于要克服管内的摩擦力，其出口压力就要______，管径越细，管道越______，则其流动的阻力越______，压力降低越______，流量越______。在制冷系统中，冷凝器与蒸发器之间装上____________，从冷凝器流出的液体，经过细小的毛细管时，将受到较大的__________，因此，液体制冷剂的流量__________限制了制冷剂进入蒸发器的数量，使冷凝器中保持较稳定的__________，毛细管两端的__________也保持________。

二、判断题（正确的打“√”，错误的打“×”）

1. 分体式陈列柜可以将多台制冷压缩机并联成组合式机组，同时向多台室内陈列柜供冷，并实现能量调节。（　　）

2. 热泵型空调器可以通过调频、调速来控制制热量的大小，不必受到室外气温的限制，因而大大提高了制热能力。（　　）

三、选择题（将正确答案的序号填在括号内）

1. 热力膨胀阀的流量过小会导致吸气压力过低，蒸发器结（　　）霜。

A. 满　　B. 不满

2. 热力膨胀阀的流量过小会导致吸气压力过低，调整时，可把热力膨胀阀调节阀杆按（　　）时针方向旋 1/4 圈，并观察蒸发器的结霜情况，直到正常为止。

A. 逆　　B. 顺

3. 固定叶片旋转式压缩机一般为（　　）式结构。

A. 卧　　B. 立

4. 固定叶片旋转式压缩机电动机一般在（　　）部。

A. 下　　B. 上

5. 当把高压与低压两个手动阀按顺时针方向拧到头，这时两个压力表（　　）分别指示制冷系统的高压侧压力和低压侧压力。

A. 能　　B. 不能

四、简答题

1. 画出典型厨房冷柜制冷系统的示意图。

2. 简述典型厨房冷柜的制冷循环过程。

3. 简述内藏式制冷机组陈列柜的优缺点。

4. 简述分体式陈列柜的主要优点。

5. 简述典型单段分体货架式超市陈列柜的制冷启动过程。

综合题 4

一、填空题（将正确答案填写在横线上）

1. 在立柜式空调器________运行时，如果环境温度较____，室外机组换热器肋片上将________。即当干湿温度计上的温度达到____℃，相对湿度____%时，室外机组就有可能________。结霜严重可导致________能力下降，此时应进行________。其方法是四通阀________，转为________运行并接通电加热器，经几分钟后，除霜________再转为原来的________运行。

2. 步进电动机是一种将________信号转换成________位移或________位移的执行元件，即外加______个脉冲信号于步进电动机时，电动机就运动________。脉冲频率越____，电动机转速越____，反之则慢；脉冲数越____，步进电动机直线位移或角位移就越____，反之则小。脉冲信号________改变，步进电动机逆转。

3. 电热型空调器的电加热器有__________和__________两种类型。

4. 空调器电加热器的主要故障有电热丝________、________等，检查时，可用万用表测量__________的方法判断是否正常。

5. 电子膨胀阀分为____________式和__________式两种。

6. 电磁式膨胀阀由________与__________组成。电磁线圈有________通过时，线圈产生的磁场吸起膨胀阀内的________，阀杆带动________上移，制冷剂就可以通过。电流______时阀针____移，电流减____时阀针______，制冷剂的流量便得到________。

7. 有些空调器的电路设置了__________。当制冷系统出现故障情况，由__________切断电源，空调器________运转，同时故障指示灯____，或显示__________，提示用户系统________故障要排除。

8. ________式汽车空调器，这是在过去的________或________上安装的空调器，由于车厢需要的制冷量较______，压缩机的功率也较______，因此压缩机不采用汽车发动机________的方式，而是安装一台________专供压缩机驱动。辅助发动机和压缩机组合在一起，安装在汽车的________部或________部，__________、__________和__________分别安装在汽车的不同位置。

9. 压缩机由一台专门的__________驱动，与__________、__________和__________共同组装在一起，这种结构称为独立整体式汽车空调器。

10. 涡旋式压缩机具有效率______、运行________、运动部件________、可________旋转等特点。尤其是结构紧凑，体积小，便于在________上安装是它________。和传统的________压缩机相比，涡旋式压缩机的体积减小了____%，重量减轻了____%，效率提高了____%，噪声降低了____ dB。

11. 平行流式冷凝器主要由__________管、散热__________和__________管组成。带管两端嵌在集流管内，带管与带管之间安装有________形的散热翅片。集流管内部按要求被分割成各自________的几段，每段内安装的所有带管，制冷剂__________流向一端。

12. 管带式冷凝器是一条连续的__________，经机械__________成等间距的蛇形管，在相邻管之间装入__________。

13. 如果汽车是在________的环境中行驶，蒸发器上就可能出现结冰现象，结冰会使____________的气流堵塞，引起制冷量____________甚至____________。

14. 汽车空调器吸气节流阀的作用就是____________蒸发器出现结冰现象。

15. 汽车空调器定期清扫回风栅__________，防止__________，保证空气循环__________。挡尘网使用中性洗涤剂__________后，用清水冲净________即可。

16. 汽车空调器有__________观察窗的压缩机，可以通过观察窗检查________的油量，油液面在观察窗的______部或______部为正常，否则就要____________。

17. 汽车空调器充注制冷剂，启动__________，打开空调，调整控制器到__________，风机________运转，继续注入________，直到制冷效果达到________为止。注意：____________达不到一定值压缩机不会启动；制冷剂罐______是______充注，速度较______；__________制冷剂罐是__________充注，速度________，但时间不要太长（____s），否则容易发生________事故。

二、判断题（正确的打“√”，错误的打“×”）

1. 要保证汽车空调器有较大的制冷能力，最好的办法就是减少传热温差。 （　　）

2. 汽车空调器要想增大传热温差，就要降低蒸发温度。 （　　）

三、选择题（将正确答案的序号填在括号内）

1. 汽车空调器的电热器损坏后，应（　　）。

A. 修复后继续使用　　B. 更换同规格的新电热器

2. 在新型的变频空调器中，使用的节流元件是（　　）。

A. 毛细管　　B. 电子膨胀阀

3. 独立整体式空调器通常安装在汽车的（　　）。

A. 前部　　B. 中部或后部

4. 斜盘式压缩机由于用斜盘代替了曲轴连杆机构，使压缩机的零部件（　　）。

A. 增加　　B. 减少

5. 翅片管式冷凝器是在各类空调器中使用（　　）的一种冷凝器。

A. 较少　　B. 最多

6. 层叠式蒸发器是目前较为（　　）的换热器之一。

A. 先进　　B. 落后　　C. 一般

四、简答题

1. 简述热力膨胀阀的调整方法。

2. 什么是空调器循环风量？

3. 简述空调曲轴连杆全封闭式制冷压缩机的结构组成。

4. 简述空调曲轴连杆压缩机气阀组的结构组成和作用。

5. 简述房间空调器的电气控制系统组成和作用。

6. 变频调速异步电动机的优点有哪些？

7. 检测制冷系统的运行情况是否正常需要哪些参数？

8. 空调器除湿效果差的原因是什么？

9. 简述空调器启停频繁的原因及解决方法。

10. 简述空调器压缩机刚启动时间不长就停机、再也无法启动的原因及解决方法。

11. 大型客车空调器的控制电路由哪些部分组成？